自然博物馆

萱草·郁金香·百合

主编：郭豫斌

人民东方出版传媒
東方出版社

图书在版编目（CIP）数据

萱草·郁金香·百合/郭豫斌 编.—北京：东方出版社，2012.10
（自然博物馆）
ISBN 978-7-5060-5573-4

Ⅰ.①萱… Ⅱ.①郭… Ⅲ.①萱草—少儿读物②郁金香—少儿读物③百合—少儿读物
Ⅳ.①S682-49②S644.1-49

中国版本图书馆CIP数据核字（2012）第268375号

自然博物馆：萱草·郁金香·百合
（ZIRAN BOWUGUAN：XUANCAO·YUJINXIANG·BAIHE）

编　　者：郭豫斌
责任编辑：刘　亚
出　　版：东方出版社
发　　行：人民东方出版传媒有限公司
地　　址：北京市东城区朝阳门内大街166号
邮政编码：100706
印　　刷：北京外文印务有限公司
版　　次：2013年3月第1版
印　　次：2013年3月第1次印刷
开　　本：710毫米×1000毫米　1/16
印　　张：7.375
字　　数：64.6千字
书　　号：ISBN 978-7-5060-5573-4
定　　价：18.00元
发行电话：（010）65210056　65210060　65210062　65210063

写在前面

《自然博物馆》系列科普读物，是我们为广大青少年朋友精心准备的一套“文化大餐”。书中以独特的视点、流畅的文字和精美亮丽的图片，对广阔的自然世界进行了科学解构，它涵盖了物种起源、远古生物、鸟类昆虫、哺乳动物、植物花卉、濒危物种、海洋世界、地球地理以及宇宙探索在内的多个学科领域，堪称一部“自然世界的百科全书”。通过阅读本书，对于广大青少年开阔视野，增长知识，陶冶情操将有所裨益。

《自然博物馆》系列科普读物集知识性、趣味性、实用性于一身，是一套理想的百科读物。书中从青少年的阅读心理特点出发，对图书结构进行了精心设计。全书采用板块结构形式，共由四个板块组成。书中每个小节除了有介绍科普知识的主板块——“知识方阵”外，还有与之相关的辅助板块，如“大开眼界”（之最、珍闻等）、“趣味小帖士”（包括趣闻、典故等内容，提高兴奋点）及“难不倒”（安排在小节结尾处，以提问概括小节要点强化读者在阅读过程中的参与性，起到互动的良好效果)等，使读者能够多角度加强理解与认识，“知识链接”提示与本主题相关的其他内容。

《自然博物馆》系列科普读物内容翔实，资料权威，深入浅出，版式新颖，寓教于乐，能使广大读者在轻松愉快的阅读过程中不断提升自我。

由于我们的能力有限，书中肯定会存在这样或那样的缺点或不足，希望广大的读者们批评指正。

编者

2012.12

目录

目录

百合科花卉

本科为单子叶植物的一个大科。大多数为草本植物，具根状茎、鳞茎、球茎。茎直立或攀缘状。单叶互生，少数对生或轮生，或常基

百合科植物大多数为草本，具根状茎、鳞茎、球茎

生，有时退化成鳞片状、总状、穗状、圆锥或伞形，少数为聚伞花序。花两性，辐射对称，多为虫媒花，花基数为3；花被花瓣状，裂片常6枚，排成2轮；雄蕊数为6枚，花丝分离或联合；蒴果或浆果。本科约240属，近4000种，广布于世界各地，但主要产于温带和亚热带地区。中国有60属，约600种，各省均有分布，西南地区最多。

知识链接

百合科中颇为奇特的是重楼属植物。这类植物最突出的特点是：叶在茎顶轮生，一般为七片叶排在一个平面上，开一朵构型奇特的绿色花，故俗称“七叶一枝花”。

萱 草

萱草小档案

英文名：Day lily

科属：百合科萱草属

别名：谖草、忘忧草、疗愁、黄花、金针花、宜男等。

产地：原产于中国南部、欧洲南部及日本，现广布于世界各地，但主要产于温带和亚热带地区。

生长习性：耐寒、需干旱与半阴环境，块根可在冻土中越冬，不择土壤，以富含腐殖质、排水良好的湿润土壤为好。

形态特征：多年生宿根草本植物。具短根状茎和纺锤状的肉质根。全株光滑无毛。

叶：叶自根茎丛生，狭长成线形，叶脉平行。

花：花色淡黄、橘红等颜色，花瓣6～12枚，呈喇叭状，极富自然美。花茎由叶丛抽出，高1米，上有分枝，呈圆锥花序，数朵出于顶端，花大黄色，花冠呈漏斗状，纷披六出。

花期：5～7月开放，单朵花只开一天。

果：蒴果，具少数种子。

萱草花开时呈喇叭状，极富自然美

中国的母亲花——萱草

萱草是母亲之花，远在《诗经·卫风·伯兮》里载：“焉得谖草，言树之背？”谖草就是萱草，古人又叫它忘忧草；背：北的意思，指母亲住在北房。这句话的意思就是：我到哪里弄到一株萱草，种在母亲堂前，让母亲乐而忘忧呢？母亲住的屋子又叫萱堂，古人以萱草代替母爱，如孟郊的游子诗：“萱草生堂阶，游子行天涯；慈母依堂前，不见萱草花。”叶梦得的诗将萱草和母亲融为一体：“白发萱堂上，孩儿更共怀。”由此萱草就成了母亲的代称，萱草也就自然成了中国的母亲之花。当母亲节来临之际，可为母亲献上一枝萱草，以感谢母亲的养育之恩。

花期短暂的萱草

萱草，在英文里称为“day lily”，意思是只开一天的百合花，因为单朵萱草常在凌晨开放，日暮闭合，午夜谢，只有一天的美丽。萱草在园林、庭院都可栽种，在南方的阴沟里常常可以见到成片成丛的萱草，其绿叶萋萋，黄花灼灼，清秀宜人，十分美丽。

古人赞萱草

萱草在中国已有3000年以上的栽培历史。最早记载的是《诗经》，称为“谖草”。《救荒本草》中称为“川草花”，《古今注》中称它为“丹棘”，《松树植物名汇》中叫“绿葱茶”，有人看见鹿喜欢吃萱草，就叫它“鹿葱”。

历代文人常以萱草为题材进行文学创作。宋代大文学家苏东坡还写有这样的诗篇：“萱草虽微花，孤秀能自拔，亭亭乱叶中，一一芳心插。”生动地描绘了萱草的形态特征。

汉代以后，萱草栽培已普遍，不论是平民百姓，还是豪门贵族人家，都有栽培萱草的爱好者。

萱草春、秋季每丛带2～3芽分植，通常3～5年分株一次

当然，萱草主要生长于中国长江流域，在山野沟谷或树下阴湿处，可常见到它的芳影。萱草是人们常见的花卉。

怎样养萱草

萱草的繁殖可分为分株繁殖和播种繁殖。春、秋季每丛带2～3芽分植，通常3～5年分株一次，分株当年开花。种子采收后，秋季沙藏，翌春播种，发芽迅速而整齐。9～10月份露地直播，次春发芽，实生苗通常经2年才能开花。可用组织培养的方法繁殖。栽培容易，管理简单。

萱草可以分株或播种繁殖

萱草小评

萱草又称忘忧草，百合科多年生宿根草本植物。目前栽培比较多的大花萱草是培育出的多倍体新品种，花色有淡白绿、深金黄、淡米黄、绯红、淡粉、深玫瑰红、淡紫、深雪青等，花的朵数增多，可开至40多朵；花直径达19厘米，甚为美观。萱草的适应性强，栽培容易，花期长，深受人们喜爱。

春食苗夏食花的萱草

萱草有着较高的经济价值，不仅可供观赏，而且还可食用和药用。

据《群芳谱》记载：春食苗，夏食花，其雅牙花的跗皆可食。但性冷下气，不可多食。谓“嫩叶可为蔬”。特别是淡黄色花的萱草，俗称黄花菜，又叫金针菜，是一种营养丰富的干果蔬菜珍品。鲜花可煎食或做汤，也可于蒸笼内蒸到萎蔫后晒制成干黄花，为著名风味干菜。

萱草含有丰富的维生素A、维生素B、维生素C、蛋白质、脂肪、天门冬素和秋水仙素等，还富含钙、磷、铁、胡萝卜素等人体所需物质。在它含苞待放时将花蕾采下，蒸熟晒干保存，吃时在水中泡开即可。此外，萱草还可入药。花和嫩苗有消食、祛烦热的功效。根煎汁可洗涤疡肿、溃疡。野生萱草的鲜根用水煎服，有利尿、消炎、消肿、解热、止痛的作用。

萱草大观园

小萱草小档案

英文名：Early daylily

科属：百合科萱草属

产地：分布于中国东北、华北、陕西、甘肃地区和朝鲜、俄罗斯远东地区及日本。

生长习性：生于低山区的山坡上。

形态特征：草本植物。具有较短的根状茎，有着肥大、肉质纺锤状的块根。

叶：叶在基部着生，条形，长有 39 ～ 60 厘米，宽 1 ～ 2 厘米，下面有着龙骨状的突起。

花：花莛比较短，几乎和叶等长，顶端密生 2 ～ 4 朵花；苞片较大，膜质，圆形或矩圆状，长约为 2 厘米；花橘黄色，花蕾呈红色，开放时外轮裂片都带有红色，无花梗或花梗极短；花被长 5 ～ 7 厘米，下部 1.5 ～ 2 厘米合生成花被筒；裂片 6 枚，具平行脉，倒披针形，花盛开时，裂片向外弯曲；雄蕊伸出，朝上弯；花柱伸直或略向下弯。

花期：5 ～ 10 月。

果：蒴果，近似球形。

繁殖与栽培：分株繁殖。

园艺特点：适于做花境地被栽培，供观赏。

小萱草花莛比较短，几乎和叶等长，适于做花境地被栽培，供观赏

裙叶萱草小档案

英文名：Orange daylily

科属：百合科萱草属

产地：分布在中国的云南、四川等地。

生长习性：生于山坡、草地。

形态特征：草本植物。具有较短的根状茎，有着肥大、肉质纺锤状的块根。

叶：叶在基部着生，狭条形，长 20 ～ 40 厘米，宽 0.5 ～ 0.8 厘米，常带裙，这也是名字的来历。

花：花莛高 25 ～ 50 厘米，蝎壳状聚伞花序，具有数朵花；花被长 5 ～ 7 厘米，下部 1 ～ 2 厘米合生成花被筒；裂片 6 枚，具平行脉，倒披针形，雄蕊伸出，朝上弯；花柱伸出，上弯。

果：蒴果，近似球形。

根先端膨大呈纺锤状

裙叶萱草

大花萱草小档案

英文名：Tawny daylily

科属：百合科萱草属

别名：金娃娃

产地：原产于中国、日本和欧亚大陆，现在世界各地广泛栽培，是优良的园林宿根花卉。

生长习性：抗旱能力强，耐高温，抗低寒，在中国从南到北均可种植。抗病性强，对土壤的适应性强，除过酸、过碱、过沙、过黏的土壤外一般都能栽培。

形态特征：根分为肉质根和须根，肉质根呈纺锤状，须根多生长

在肉质根上。具短根状茎。

叶：叶翠绿狭长，基生，呈带状排成两列。

花：花苔从中部抽出，螺旋状聚伞花序，每个花序可着花数十朵。花蕊似簪，开如漏斗，裂片翻卷，为百合形花冠，花瓣先端裂开。花被基部合生呈筒状，雄蕊6枚，3长3短，花药呈丁字形，背着在花丝顶端，除蓝色和纯白色以外其余花色均有栽培品种。

花期：从晚春一直到秋季。

果：蒴果，黑褐色，多棱形，有光泽，自然结实率低，且大部分品种不结实。

大花萱草花蕊似簪，开如漏斗，极具观赏性

黄花小档案

黄花菜花序下部的苞片呈狭三角形

英文名：Citron daylily

科属：百合科萱草属

别名：金针菜、黄花菜

产地：分布于中国山东、河北、河南、陕西、甘肃、湖北、四川等地。

生长习性：生于山坡、草地。

形态特征：多年生草本植物，具有

黄花具有淡淡的清香味

短的根状茎和肉质、肥大的纺锤状块根。

叶：叶从基部着生，排成两列，条形，长 70 ~ 90 厘米，宽 1.5 ~ 2.5 厘米，背面呈龙骨状突起。

花：花葶高 85 ~ 110 厘米，聚伞花序组成圆锥形，多花，有时可多达 30 朵；花序下部的苞片狭三角形，长渐尖，长达 4 厘米或更长；花柠檬黄色，清淡香味，花梗很短；花被长 13 ~ 16 厘米，下部 3 ~ 5 厘米合生成花被筒；裂片 6 枚，具有平行脉，盛开时裂片略外弯；雄蕊伸出，上弯；花柱伸出，上弯，略比雄蕊长。

应用价值：花晒干后可食用。

黄花晒干后如一根根的金针，所以也被称为金针菜

郁金香

郁金香小档案

英文名：Tulip

科属：百合科郁金香属

别名：洋荷花、草麝香

产地：原产于土耳其、伊朗、阿富汗等地，南欧、俄罗斯西伯利亚和北非有少量分布，中国新疆和青藏高原也有分布。

生长习性：郁金香属长日照花卉，原种多自然分布在夏季干热、冬季严寒的环境中，春季开花夏季休眠，地上部分生长期短。耐寒性极强，适应范围极广。性喜凉爽、湿润、阳光充足的环境，忌酷暑，怕水涝。

形态特征：多年生草本植物，地下茎为球形鳞茎，有褐色皮膜。花梗刚劲挺拔，高的可达30厘米以上，花瓣厚实，不易凋谢。

叶：叶片秀丽素雅，叶子披针形，如宝剑。叶面光滑，带有粉白色。

花：初春的时候抽出花茎，顶端开一朵好看的花朵，呈酒杯状，花的基部略带黑紫色。花瓣6枚，分两列，色彩纷呈，有黄色的、白色的、红色的、紫色的等等，有的带有条纹或斑点。从花型上看，有杯状型、球型、百合型、皱边型，单瓣或重瓣之分。

花期：3～5月。

果：蒴果在背开裂，种子扁平。

郁金香是友谊传播的使者

郁金香是荷兰人民与世界人民交往的友好使者。第二次世界大战期间，纳粹德国的铁蹄蹂躏了荷兰美好的河山。荷兰沦陷，女王朱丽安被迫去加拿大避难。战后，女王回到荷兰并代表政府将14万粒郁金香种球赠送给加拿大人民，以表示感谢，并决定每年向加拿大赠送1万株郁金香。

1977年5月，女王贝亚特丽克丝偕同克劳斯亲王来中国访问，将代表荷兰人民友谊的郁金香，作为珍贵的礼物，赠送给中国人民。它带来了荷兰人民炽热的友情，也带来了风靡世界的“郁金香热”。它被种植在北京中山公园。每年春天，人们到这里赏花，看到珍贵的郁金香那美丽的容貌、典雅的气质，就想到了中荷两国人民的友谊。

奥斯曼帝国的花中之王

郁金香为百合科郁金香属植物的总称，是多年生草本球根花卉。郁金香的属名Tulipa源于波斯语，意指花的倒置形状与波斯人的头饰很相近。本属植物约有150多种，主要分布在温带地区。

据考证，郁金香的故乡在中国的西藏，早在2000多年前，郁金香就从西藏移植到中亚地区。中世纪，十字军远征时郁金香又被移植到土耳其，很快成为奥斯曼帝国御花园中的“花中之王”。

土耳其是最早栽培郁金香的国家，在15世纪40年代就已栽培了数百个郁金香品种。

1554年，奥地利布斯拜克大使在土耳其的一次旅行中，偶然发现

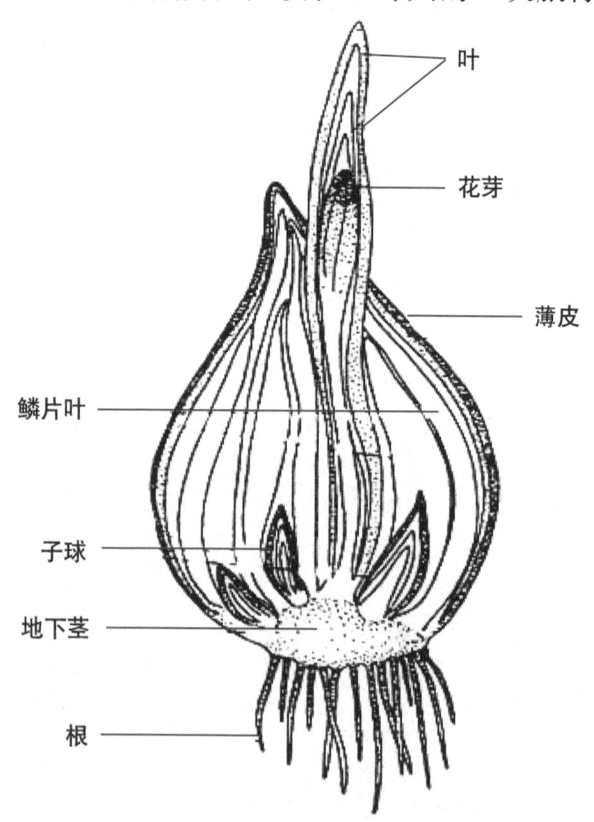

郁金香鳞茎结构示意图

了栽培的郁金香，就带回了种子种植在维也纳的私人花园中，由此，郁金香第一次传到了欧洲。

郁金香王国——荷兰

16世纪荷兰人克鲁西从伊斯坦布尔经比利时的安特卫普，将郁金香第一次带入荷兰。1594年春天，美丽的郁金香第一次在荷兰的林登植物园绽放。郁金香引种到荷兰后曾引起购买狂热。据说，当时一枝郁金香的价格比一头公牛的价格高10倍，一枝郁金香的球茎可换一座带花园的别墅和一座酿酒厂，不少人用首饰、土地、家具去换取一枝郁金香的球茎，这简直是如痴如狂的举动。1623年，人们培育出了许多品种，按花期还可分为早花型、中花型、晚花型。花色有大红、洋红、粉红、黄、橙、白、紫、黑紫等单色或复色，花形美丽端庄，极有观赏价值，可作盆花及花坛栽培。

荷兰是欧洲栽培郁金香规模最大的国家，郁金香为荷兰国花

随后，又经多年的杂交繁育，新品种层出不穷。现在世界上已有上万个品种，分属于15个栽培体系。

目前，荷兰是欧洲栽培郁金香规模最大的国家，郁金香为荷兰国花。

怎样养郁金香

切花用郁金香鳞茎主要用培养小鳞茎的方法获得。栽培郁金香首先应选择适宜地点，郁金香生长的环境应阳光充足，春季冷凉时期长，空气湿度较高，夏季来临迟，而且没有酷暑，同时相对湿度较低，冬季又有一段相当长的低温。此种环境既有利于营养生长期光合作用产物的积累，促使种球能迅速增大，又能使球茎在夏季休眠中为内部分化提供较合理的温度条件。对土壤肥力要求不很高，但应土质

郁金香的经济价值

郁金香的经济价值主要在于观赏。荷兰已成为世界上商业种球生产、销售中心，年产郁金香16亿头，行销世界各地。郁金香因花色丰富多彩，花期能持续两个月之久，已成为国际市场和春季花坛的主要花卉。

郁金香花语

红色郁金香：热烈的爱意
粉色郁金香：永远的爱、珍惜
黄色郁金香：开朗、友谊
白色郁金香：纯洁
黑色郁金香：独特领袖权力、荣誉的皇冠、神秘、高贵
高原郁金香：自豪、挺立、美的创造
双色郁金香：美丽的你、喜相逢
羽毛郁金香：情意绵绵

疏松且排水良好，同时有较好的保水性。一般以沙壤土最为理想。

一般秋季栽种，覆盖1.5厘米厚的腐殖土贮藏。如此经5～6年栽培才可开花。开花的鳞茎栽植深度以鳞茎纵径的3倍为宜，若分生小球，可用小球进行繁殖。9月底鳞茎内花芽已经分化，即可转入冷库内低温处理，前一阶段处理温度应控制在9℃，最后一个月转入5℃，共处理63～77天。经过处理的鳞茎，可根据不同花期，适时栽培。

荷兰已成为今天世界上郁金香商业种球生产、销售中心

根据多年的栽培经验，中国长江以北的广大地区和长江以南的部分山区，具有发展郁金香种球和鲜切花生产的巨大潜力。种植郁金香，每亩产值大大超过粮食生产的价值。甘肃临洮、河北灵寿、北京密云等地都有规模不等的种植基地，许多城市也都引种栽培。一般采用“秋植春花”的正常栽培方式。而在岭区，由于气候暖热，如广州最冷时一月的月均温也有13.3℃，无法满足郁金香对春花温度的要求，只能以冷藏和促成栽培的方式，在春节花市上以小盆栽的形式出售，因此每年要花费大量外汇进口种球。

郁金香鳞茎主要用培养小鳞茎的方法获得

郁金香生长的环境应阳光充足

球根花卉之王

郁金香花朵似荷花，花色繁多，色彩丰润、艳丽，是世界上著名的球根花卉，堪称球根花卉之王。适合点缀庭院、切花和盆栽；可作花坛、花境花卉，也可植于林园或岩石园。

矮种郁金香

郁金香节

郁金香是世界性花卉。美国有一年一度的郁金香节，那里的田间地头到处是郁金香的海洋。

荷兰、土耳其、匈牙利等国家将其定为国花，荷兰人民把每年的5月15日定为“郁金香节”。可见，郁金香备受各国人民的喜爱。

在荷兰的公园里有一座巨大的玻璃暖房，里面培植着全荷兰最名贵、最稀有的郁金香品种，它们酒杯状的花朵，又大又艳，朵朵都像装满了透明的美酒。花色有单色，也有间色的，还有些花朵上带有斑点和条纹，看上去含羞带笑，一派柔美华贵的气质。正像法国著名作家大仲马形容的那样：“艳丽得让人睁不开眼睛，完美得令人透不过气来。”

郁金香小评

郁金香属于植物王国中的百合科郁金香属。花型多样，有杯型、碗型、卵型、球型、百合型；花色繁多，有红、橙、紫、黑白单色，更有条纹和重瓣品种，颇具种养、观赏价值。

郁金香大观园

异叶郁金香小档案

英文名：Heterophylla baker

科属：百合科郁金香属

产地：分布于中国新疆天山一带，中亚地区也有分布。

生长习性：生于海拔 2500 ～ 2900 米的草地。

形态特征：具有鳞茎的草本植物，形状卵形，外皮暗褐色，纸质无毛。

叶：有一对叶，不相等，较阔，披针形，长 5 ～ 6 厘米，宽 0.4 ～ 0.7 厘米。

异叶郁金香

郁金香小鳞茎

花：花茎高 7 ~ 10 厘米。花 1 朵；花被 6 枚，长 2.5 ~ 3 厘米，黄绿色；雄蕊 6 枚，子房狭矩圆形，长 0.7 ~ 0.8 厘米。

果：蒴果。

伊犁郁金香小档案

英文名：Tulipa ilienaia regel

科属：百合科郁金香属

产地：分布于中国新疆天山一带，中亚地区也有分布。

生长习性：生长在山坡草地、戈壁、路旁。

形态特征：具有鳞茎，形状卵形，横茎 1 ~ 2 厘米，外皮革质，暗褐色。

叶：叶 3 ~ 4 枚，近似轮生，条形。

花：花茎高 10 ~ 20 厘米。花 1 朵，花被 6 枚，长 2.5 ~ 3.5 厘米；雄蕊 6 枚，子房狭矩圆形，长 0.5 ~ 0.8 厘米。几乎无花柱。

果：蒴果，短椭圆形至椭圆形，长 1.8 ~ 2.5 厘米，种子近三角形。

伊犁郁金香

百合

百合小档案

英文名：Lily

科属：百合科百合属

别名：蒜脑、百合蒜、重箱、摩罗、强瞿、中逢花

产地：主要分布在北温带。中国尤以西

珍稀的黑百合

南地区为多。日本、加拿大、美国及欧洲也有分布。

生长习性：大多数种类耐寒，虽喜阳，但需有轻阴。喜肥沃、富含腐殖质、排水良好、土深厚的沙壤土。

形态特征：多年生草本植物，是一种名贵的观赏花卉。株高 70 ～ 150 厘米。鳞茎球形，直径约 5 厘米，鳞茎瓣广展，无节，白色。茎高 0.7 ～ 1.5 米，有紫色条纹，无毛。

叶：散生，上部叶比中部叶小，倒披针形。

百合花花型多变，花色清丽，香气袭人，为世界著名花卉之一。可作花坛、花境花卉，也可植于林园，或盆栽，也可作切花。

趣味角

在西方，百合花的花名是为了纪念圣母玛利亚，自古以来圣母就被基督教视为清纯花朵，象征着国家民族独立和经济繁荣。百合花在中国是有百年好合、美好家庭、伟大的爱之涵义，有深深祝福的意义。

百合名字的由来

古时候，四川地区有个蜀国，国王有一百零一个儿子。按当时的规定，国王退位时要将王位传给长子。可是，国王小儿子的母妃为人险恶，一心想让她的儿子得到皇位。于是，经过策划，诬告王后和她的一百位王子阴谋造反，国王年迈昏庸，偏听偏信，便将王后和百子全部赶出国境。

可是，正当王妃及小王子着手夺取王位之际，早已对蜀国虎视眈眈的邻国趁机出动，打算将蜀国吞并。老国王这才如梦方醒，后悔当初不该将王后和百子赶出国境。然而，就在敌军兵临城下，国家岌岌可危之际，王后和百子们却奇迹般地出现在敌营身后，很快将进犯之敌全部歼灭。蜀国又恢复了往日的太平。

老国王也从这个事件中受到了深刻的教训。不久，他将王位让给了大王子。大王子治国有方，蜀国因此而强盛。

后来人们发现，在与敌人浴血奋战的地方长出一种花，十分好看，十分茂盛，人们为纪念百子们的战功，便将这种花叫作“百合”。

百年好合的吉祥花

早在公元前3世纪，中国的古籍中就有百合花的记载，到了南北朝时期，栽种就已很普遍，当时南朝后梁宣帝是这样描写百合花的：“接叶多重，花无异色，含露低垂，从风偃仰。”将百合花的形态特征描写得十分贴切、形象。明代王象晋的《群芳谱》记述了历代有关百合花的诗词和有关资料。《农政全书》称其“开淡黄白花，如石榴嘴而大，四重向下，覆长蕊，花心有檀色，每一颗须五六花，子紫色，圆如梧桐子，生于枝叶间，根白色，形如松子壳，四面攒生，中间出苗”。如今，随着栽培技术的推广，百合已深入人们的生活，是室内常见的花卉。

怎样养百合

百合的繁殖方法有分球、分株芽、鳞片扦插和播种等方式，其中分球最为普遍。可在秋后将百合老鳞茎周围形成的小球挖起，沙藏越冬，第二年春天即可移植，非常简便。如果用鳞茎扦插繁殖，要在生长季节进行。可将成熟健壮的老鳞茎取出，阴干数日后自基部剥下鳞片，深插入土壤中。扦插成活的小鳞片，一般需种3～4年后才能开花。所以一般不常采用。

百合也可用种子繁殖。子叶出土类型的种子，有些播后10～15天子叶出土，有些需30天后才能发芽。子叶留土类型的种子，播种后1～3个月才能形成根系，子叶留在土中，由子叶与胚乳的营养形成第一年越冬的小鳞茎，经1个半月至3个月的1℃～10℃低温后，第二年春季小鳞茎可长出第一片真叶。对于子叶出土类型的百合种子，用60℃的水浸种一天，然后将种子置20℃～24℃温箱中，约7天长出胚根，14天出芽，在出芽前播种。子叶留土类型的种子浸种后，在20℃～24℃条件下数星期后才长出胚根，然后移到冰箱中（4℃～5℃），3个月后移回定温箱中，经半月出芽。

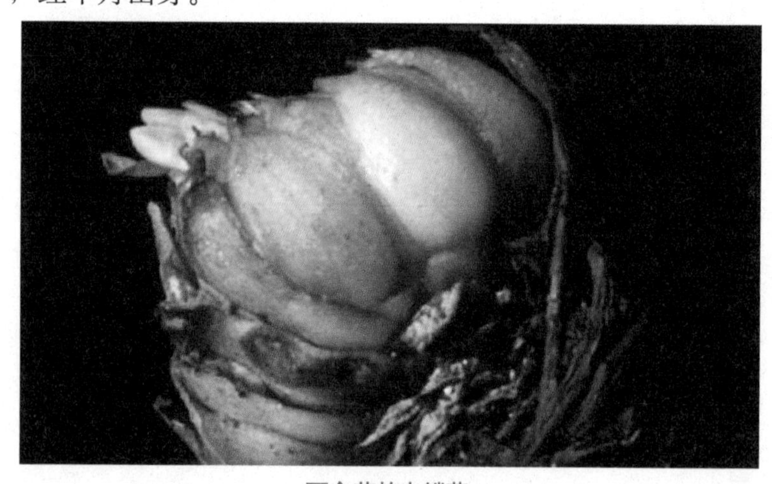

百合花的老鳞茎

集观赏、食用、药用于一身的百合是中国的传统出口特产

百合的繁殖方法有分球、分株芽、鳞片扦插和播种

花姿绰约的养生花

百合不仅有观赏价值，还有食用价值和药用价值。

百合花姿绰约，色彩艳丽，香气袭人，姿、色、香俱佳，备受人们喜爱，有着重要的观赏价值。

百合有100多种，产于中国的有39种，其中有10个品种的鳞茎可供食用，目前栽培面积较大的品种为：兰州百合、龙牙百合、宜兴百合和川百合。

不论中国南方还是北方，多以百合煲汤、熬粥来养生。南方人还用鲜百合烹制出各种菜肴。广州人爱用百合加绿豆、淮山药等煲汤作夏日的清补凉汤。

百合性平、味甘、微苦、性寒，具有润肺止咳、清心安神、养阴止血、补脾健胃、清热解毒、解无名肿毒等功效。特别是含有秋水仙碱等生物碱，具有抗癌作用。根据药理研究，百合有良好的止咳作用，可改善肺部功能。百合也有一定的镇静作用。

百合鳞茎富含淀粉、蛋白质、脂肪、糖类、果胶质、维生素、胡萝卜素，还含有钙、铁、锌、磷、硒等13种微量元素和18种氨基酸，是理想的滋补佳品。

百合菜肴

百合的药用价值

1.百合有止咳平喘作用，能增强呼吸道的排泄功能，使酚红量增加，从而祛痰。

2.百合有明显的镇静作用。

3.百合鳞茎中提出的生物碱能抑制癌细胞纺锤体，使其停留在分裂中期，不能进行正常的细胞分裂，有一定的抗癌作用。

4.百合有耐缺氧、抗疲劳作用。

百合花语

香水百合：纯洁、婚礼的祝福、高贵

白百合：纯洁、庄严、心心相印

玉米百合：执著的爱、勇敢

狐尾百合：尊贵、欣欣向荣、杰出

水仙百合：喜悦、期待相逢

幽兰百合：送来的爱

虎皮百合：庄严

圣诞百合：喜洋洋、庆祝、真情

百合花朵硕大，花色美丽，花型多变，园艺品种甚多。百合属植物约有100多种，原产中国的有39种。中国南北各地均有分布，尤以西南和华中居多

圣经《新约·马太福音》有“百合花赛过所罗门的荣华”一语。基督教的仪式和3月的复活节，人们常互送百合花来表示良好的祝愿。西方人认为百合花是一种没有邪念至为圣洁的花草。

中国古人则把它视为吉祥的象征，含有“百年好合”、“百事合意”之兆。

百合大观园

百合产于亚洲各国，中国有30余种，其中有“卷丹”、“小卷丹”、“山丹”、“天然百合”、“白花百合”、“鹿子百合”、“麝香百合”、“青岛百合”、“湖北百合”等名品。卷丹，又名“黄百合”、“倒垂莲”、“虎皮百合”，产于长江下游各地，花为橙黄色，花瓣反卷向下开放，花瓣上布满了暗紫色斑点，是百合中的上品。

王百合小档案

英文名：King lily

科属：百合科百合属

别名：峨嵋百合、香百合

生长习性：性喜温暖湿润环境，宜生长于肥沃的沙壤土。

形态特征：多年生草本植物，株高80～120厘米。鳞茎红紫色。

叶：叶线状披针形。

花：花喇叭状，花冠白色，喉部黄色，外侧具淡紫色晕，芳香。

花期：6～7月。

果：蒴果长卵形，黄褐色，果期9～10月。

繁殖与栽培：分植鳞茎、珠芽或播种繁殖。

经济价值：既可观赏，又可食用。王百合的鳞茎是滋补营养品。

园艺特点：优良庭园花卉，可用作花境和切花。

王百合

小百合小档案

英文名：Dwarf lily

科属：百合科百合属

别名：矮茎百合

产地：分布于中国的西藏东南部、云南西北部和四川西部，尼泊尔、锡金也有。

生长习性：生长在山坡草丛中。

形态特征：鳞茎小，矩圆形，高2～3厘米，直径1.5～2.5厘米，白色。茎细小，高6.5～25厘米，无毛。

叶：茎三分之二以上的叶为条形，长6～12厘米，宽0.3～0.5厘米，无毛，具5条脉，在茎的三分之一处以下有3枚较短而宽的叶。

花：花单生，成水平开展，钟形，直径约3厘米，紫红色；花被6片，椭圆形，长1.7～2.5厘米，宽1～1.6厘米，有深紫色斑点；雄蕊 向中心啮合；花丝钻形，长1厘米，无毛；花药椭圆形，长约0.5厘米，具褐红色花粉粒；雌蕊比雄蕊长。

小百合

毛百合小档案

英文名：Dahurian lily

科属：百合科百合属

产地：产于中国黑龙江、吉林、辽宁、内蒙古、河北等地；朝鲜、蒙古、日本、俄罗斯也有分布。

生长习性：性喜凉爽湿润和半阴半阳的环境，在疏松肥沃、排水良好、富含腐殖质的土壤中生长良好。

形态特征：多年生草本植物。茎高 50 ～ 70 厘米，有棱。

叶：叶散生，茎端则 4 ～ 5 枚轮生。

花：花 1 ～ 2 朵顶生，橙红色或红色，有紫红色斑点，外轮花被片倒披针形，外披白色绵毛，内轮花被片稍宽。

花期：6 ～ 7 月。

果：蒴果，矩圆形，8 ～ 9 月成熟。

繁殖与栽培：球芽繁殖、进行扦插繁殖，或播种繁殖、组织培养繁殖。

园艺特点：可作花坛、花境花卉，也可植于林园或岩石园，或作切花。

毛百合

兰州百合小档案

英文名：Davidii var. lily

科属：百合科百合属

生长习性：喜土层深厚、排水良好、土壤疏松、温度良好的土壤。

形态特征：为总状花序。花下垂，花被火红色，向外翻卷，鲜艳夺目，花型大而美观，香气浓郁。

繁殖与栽培：可秋栽和春栽。春栽应在3月下旬“春分”以后开始，晚秋栽培时，土壤温度要好，应在“立冬”前后地冻以前栽完。晚秋栽的百合第二年可早出苗、早现蕾，生长较好。

经济价值：既可食用、药用，也可观赏，营养丰富品质最佳，名列栽培百合之首，素有“兰州百合甲天下”之称。兰州百合作为名菜佳肴驰名中外，在国际国内市场上极有声誉，十分畅销。兰州百合入药健身，能补中益气、理脾健胃、宁心安神、润肺止咳、清热利尿、解无名肿毒及止血等，是滋补佳品。

驰名中外的兰州百合

园艺特点：是理想的盆栽、切花花卉。

山丹小档案

英文名：Low lily

科属：百合科百合属

别名：细叶百合

产地：原产于中国北部山区，西北、华北地区分布广泛。

生长习性：适应性强，抗寒耐旱，田园土、沙壤土、微酸性土上均能生长良好。

形态特征：鳞茎花卉，株高40～80厘米。茎直立。

叶：叶披针形。

花：花喇叭状，花瓣6片，向外翻卷，鲜红色。

花期：6～7月。

果：蒴果，种子扁平，黄褐色，果熟期9～10月。

繁殖与栽培：分植小鳞茎或播种繁殖。

经济价值：既可观赏，又可食用。

园艺特点：山丹是优良野生观赏花卉，花姿雅致，叶子青翠娟秀，茎秆亭亭玉立，花色鲜艳，是美化庭院的上品花卉。可用作花坛、花境及切花。

山丹

川百合小档案

英文名：Davidii lily

科属：百合科百合属

产地：四川境内。

生长习性：性喜温凉湿润环境，适宜海拔1800米以上的高寒山区种植。适应于背风向阳、土层深厚、腐殖质多、疏松肥沃、排水良好的沙壤土。

形态特征：鳞茎呈扁球形或宽卵形，高2～4厘米，直径4.5～6厘米；鳞片呈卵状披针形，长2～3.5厘米，宽1.5～2厘米，白色。鳞茎单重60～100克，最重达200克。植株高60～100厘米，茎秆带紫色，密被小乳头状突起。

叶：叶密生，单叶互生，带形，无柄，绿色，长10厘米，叶腋不着生珠芽。

花：花橙黄色下垂，花瓣5枚，有紫黑色斑点，花被内轮宽于外轮，并向外翻卷。无香味，花蕾和花可供食用。

川百合

花期：6月底至7月初。

繁殖与栽培：川百合以分球法栽培。

应用价值：川百合不仅可观赏，也可食用。

野生百合，每年五六月份开花的时候，民间常用来驱灾辟邪，预示着吉祥顺利、百年合好

芦 荟

芦荟小档案

英文名：Aloe

科属：百合科芦荟属

别名：龙角、油葱、象胆、龙舌、草芦荟等

产地：原产于非洲南部及地中海沿岸，我国云南南部的元江等地也有野生分布，现在世界各地都有栽培。

生长习性：对土壤要求不严，耐干旱和盐碱，喜排水良好、肥沃疏松的沙壤土。喜阳光、不耐阴，在背阴环境或常采摘叶片的情况下，多不爱开花。

形态特征：多年生常绿草本植物。肉质叶从圆柱形的肉质茎上交互生出，茎节短而直立。

叶：叶深绿色，呈舌尖状，莲座状簇生，表面光滑油润，肉质肥厚，边缘有刺，四季青翠。

花：总状花序自叶丛中抽生，直立向上生长，小花橙黄色并带有红色斑点。

花期：夏秋之交。

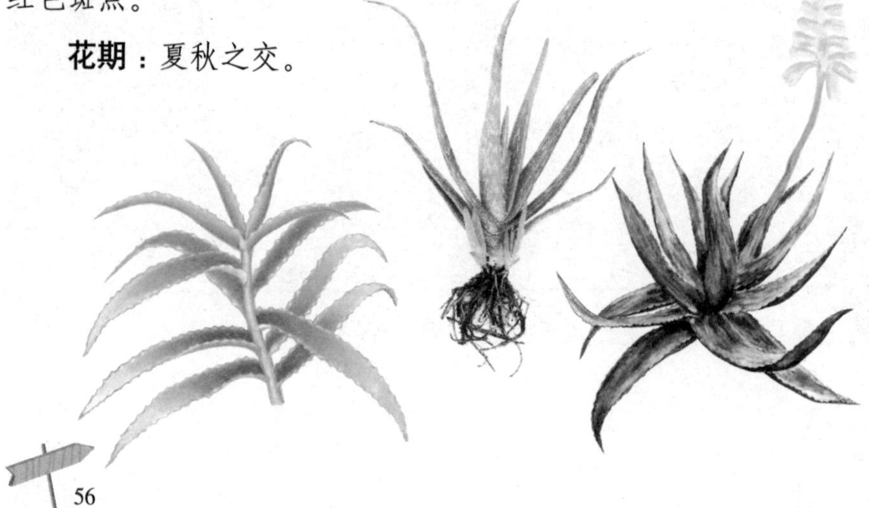

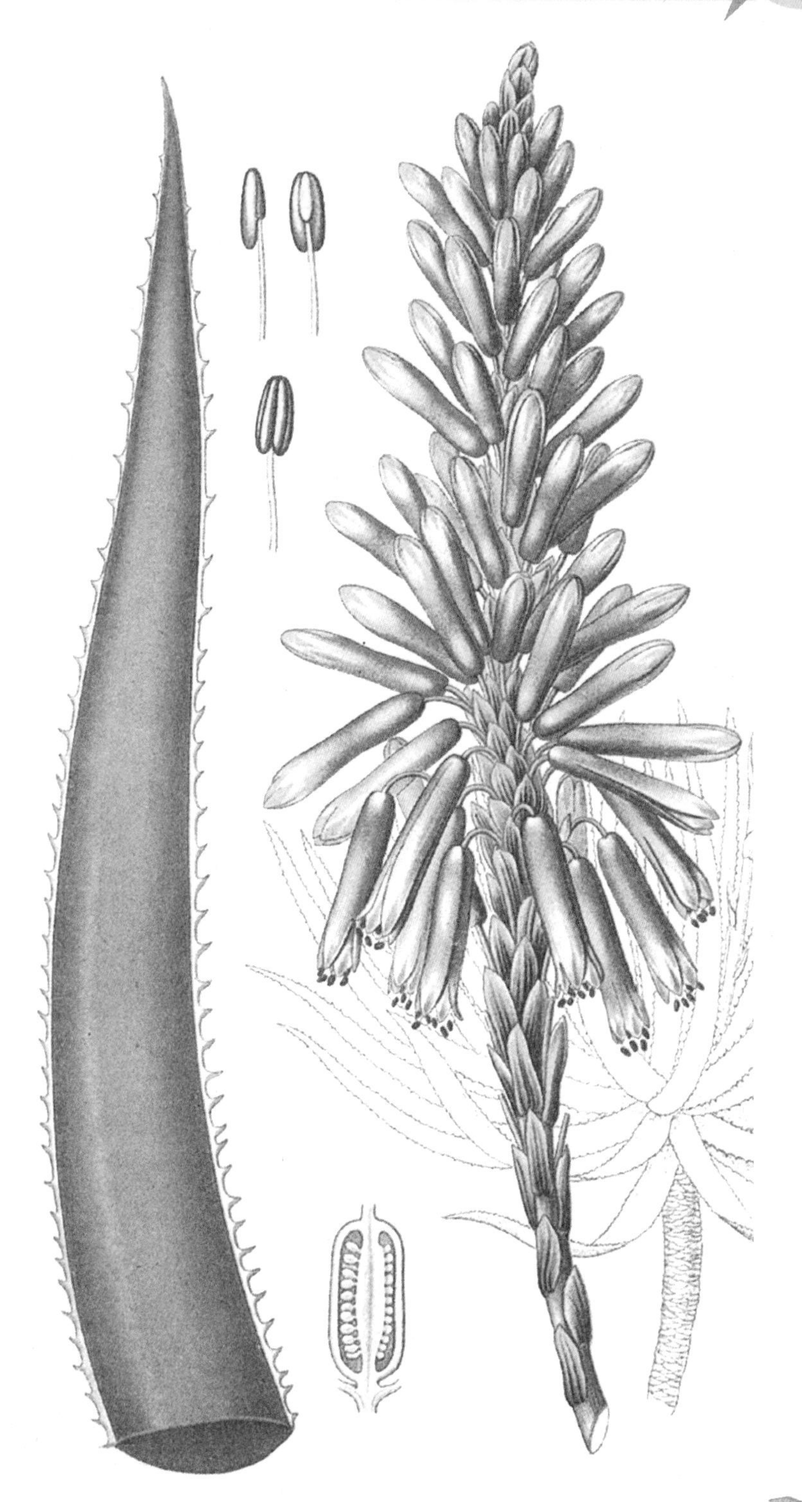

芦荟是一种民间草药，自古以来深受人们的喜爱。“芦”其中文意为黑的意思，而“荟”是聚集的意思。芦荟叶子切口滴落的汁液呈黄褐色，遇空气氧化就变成了黑色，又凝为一体，所以称作“芦荟”。

芦荟是一种多年生常绿多肉质草本植物，历史悠久，早在古埃及时代，其药效便被人们接受、认可，称其为“神秘的植物”。叶簇生，呈座状或生于茎顶，叶常披针形或叶短宽，边缘有尖齿状刺。花序为伞形、总状、穗状、圆锥形等，色呈红、黄或具赤色斑点，花瓣六片，雌蕊六枚。花被基部多合成筒状。

大自然孕育了人类，也为人类的健康与美容准备了最神奇的药用植物——芦荟。科学家们研究了芦荟对人体健康的作用，认为芦荟是“守护健康的万能草药”。

关于芦荟的药理作用，在数本世界闻名的古代药典中都有详细的记载。如中国的《药性本草》、《本草纲目》以及欧洲的《希腊本草》、《意大利本草》，朝鲜的《东宝医鉴》等药典中，都详细地记载了芦荟的药理作用。我国目前最权威的《中华本草》将其药理作用归纳为：保护皮肤、修复组织损伤，通便、保肝与抗胃损伤作用，抗菌、抗肿瘤作用，调节免疫作用。

趣味角

植物医生

芦荟是百合科多年生多肉类植物，起源于非洲大陆，其英文名为Aloe，是从阿拉伯语alloch演变而来的，其意是“苦味”。

芦荟集药用、保健、美容和观赏于一体，人类早在几千年前就已经开始种植和使用芦荟了。在民间，用芦荟美容、修复创伤和烧伤几乎是家喻户晓，人们尊芦荟为图腾，誉芦荟为“天堂的魔杖”、“天然美容师”、“植物医生”、“急救植物”等。

现代西方世界对芦荟更是膜拜有加，芦荟产品风靡30年而不衰，在美国芦荟被誉称为“世纪树”，各种芦荟产品琳琅满目；在日本芦荟被尊称为“不需要医生”，芦荟产品无处不在。

柏拉图的药方

芦荟的栽培历史十分久远，从原产地非洲开始，到了公元前3世纪，古埃及民间药方中已有记载芦荟被用于外伤、泻药、美容、祛痘等方面。在埃及金字塔所发现的《耶比鲁斯·巴比路斯》莎纸草医药一书中就有这方面的描述，这是历史上最早的芦荟记载的见证，它表明人类应用芦荟至少已有3600多年的历史。

公元4世纪，著名的科学家、哲学家柏拉图在其《自然史》中记载

芦荟繁殖的新株小侧枝

了用芦荟配制的各种混合物，可以治疗鸡眼、痔疮等多种疾病。

芦荟随着基督教的传播也传遍欧洲各地。12世纪，芦荟被收入《德意志药典》；随后，20多个国家的药典都记录了芦荟，普遍认定了芦荟的药效。

现在芦荟传遍了世界各地，几乎到处都有它的踪迹

芦荟是在公元8世纪前后传入我国的。最早出现芦荟记载的是隋末唐初的甄权著《药性本草》。唐开元年间，陈藏器所著的《本草拾遗》中称芦荟为纳会、象胆。唐代诗人刘禹锡在其医书《传言方》里记录了用芦荟治疗顽癣的经验。可见，芦荟的栽培是从治病开始的。

现在芦荟传遍了世界各地，几乎到处都有它的踪迹。

怎样养芦荟

芦荟繁殖一般采用扦插、分株的方法，时间均在3～4月。

剪取主茎基部或叶腋间的小侧枝，长10～15厘米，阴干1～2天，插入河沙内，稍微喷水，20～30天可生根，也可截下主干进行扦插。分株可在早春结合换盆时进行，将母株四周分蘖的新株与母株地下茎切断，另植新盆即可，此法繁殖效率较低。生长健壮的植株每2～3年春季可换盆一次，剔除旧盆土，换入新的营养土。

家庭中芦荟的繁殖一般采用扦插、分株的方法，时间均在3～4月

芦荟的神奇功能

芦荟既是盆栽观叶植物，也是天然的美容药物，大多可供观赏或药用。经检测，芦荟含有15种游离氨基酸、21种有机酸、18种微量元

芦荟的汁液具有灭菌、消炎的作用

芦荟近年来备受人们关注，被广泛地应用于保健、美容、护肤、防癌等制品

素、8种植物石炭酸类成分、5种蒽醌类物质以及维生素、甙类、酚类等80多种有效成分，其中的一些有机活性物质如芦荟素、芦荟甙、芦荟曼喃、芦荟町、芦荟熊果甙等，具有健胃、消炎、通便、抗癌、抗溃疡、降血糖、美容、抗衰老、提高人体免疫力等功能，是集美容、保健、医药、观赏于一身的草本植物，具有很高的利用价值。

芦荟具有惊人的修复受损组织的能力，使受伤处自然痊愈；芦荟

大面积种植的芦荟

能抑制黑色素生成，促进人体皮肤组织生长；芦荟的汁液具有灭菌、消炎的作用。正是这些药用功效和美容价值，使芦荟近年来备受人们关注，被广泛地应用于保健、美容、护肤、防癌等制品，还可用于消炎、治疗跌打损伤等。

盈盈碧茎如簪子，
细细白根似韧筋。
“万能药草”名声久，
祛病扶伤万木青。
（打一植物）
——芦荟

芦荟能减少苯、甲醛的污染，增加负氧离子的浓度，是天然的空气“净化器”。

芦荟既可片栽也可盆栽，是理想的室内观赏花卉。栽培在天井、庭院或岩石园中，效果都较好。有些还是很好的地被植物。

芦荟大观园

芦荟是百合科芦荟属多年生肉质草本植物，品种多达270余种。近年来芦荟在我国一些热带、亚热带地区已有一定规模的种植，主要品种有美洲的库拉索芦荟、日本的木立芦荟及南非的开普芦荟。

库拉索芦荟小档案

英文名：Aloe barbadensis miller

科属：百合科芦荟属

别名：巴巴多斯芦荟、翠叶芦荟、真芦荟、美国芦荟

产地：产于非洲和美洲的热带地区。

生长习性：性喜半阴、温暖向阳和春夏空气湿润、秋冬略干的环境。

形态特征：呈莲座形，植株高大。围径15厘米。

叶：平均每株有12～15片叶子，呈螺旋状排列，叶片宽厚汁多，呈粉绿色并有白斑点，随叶片的生长斑点逐渐消失，

库拉索芦荟

叶片三角形，长 75 厘米，宽 2.5 厘米，叶子四周长刺状小齿。

花：当植株长到 45 厘米左右时，花梗上围生白色小花，花茎 4 厘米。

繁殖与栽培：可播种或用茎来扦插。常用分株法繁殖，可结合换盆，脱出老株，取其周围的幼株另行栽种。若幼株根系较少或尚无根系，可先插于素沙土中，保持湿润，待其生根后再行上盆。

应用价值：植株高大、生长又快，单位面积产量高。因其含丰富的胶质，对皮肤的保健和美容具有十分显著的效果，所以也常作为美容化妆品的原料。

开普芦荟小档案

英文名：Cape aloe

科属：百合科芦荟属

别名：好望角芦荟

产地：原产于南非，现在世界热带和亚热带地区广泛栽培。

生长习性：喜暖热、干燥环境，不耐寒。

形态特征：其茎直立，高度可达 3 ～ 6 米。叶片密生呈莲座状，叶长 60 ～ 80 厘米，叶子可达 30 ～ 50 片，大而坚硬，带有尖刺，深绿色至蓝绿色，无侧枝。

应用价值：可用于医学上。世界各国的许多药典中记录的芦荟都是开普芦荟。它是一种传统的药用植物。

开普芦荟

木立芦荟小档案

英文名：Candelabra aloe

科属：百合科芦荟属

别名：小木芦荟、日本芦荟、木剑芦荟、树芦荟

产地：原产于日本，现在世界很多国家广泛栽培。

形态特征：因其外形如直立的树木而得名。叶子呈灰绿色，细而长，凝胶含量少，叶汁极苦。

应用价值：可用于医学、美容和食用。叶除了可以生吃、打果汁外，也适合做成家庭菜，还可以加工成健康食品或化妆品等。木立芦荟在日本很早就被视为民间药草而备受欢迎，已在日本和许多国家投入商业化生产。日本人认为木立芦荟是最好的药用芦荟品种。用木立芦荟加工成芦荟干粉，可矫治各种疾病。在医学上，木立芦荟已经被检验出具有很多有效成分，是一种公认最有效的品种。

木立芦荟

天门冬

天门冬小档案

英文名：Cochinchinese asparagus

科属：百合科天门冬属

别名：天冬草、玉竹

产地：原产于南非，中国华北及秦岭以南地区也有分布。

生长习性：性喜温暖湿润的环境，喜阳，也较耐阴，不耐旱。适生于疏松、肥沃、排水良好的沙壤土中。生长适温为 15℃～25℃，越冬温度为 5℃。

形态特征：多年生常绿缠绕草本植物。具膨大肉质根，径1～2厘米；茎长可达30厘米，为半蔓性，茎丛生，柔软下垂，多分枝，下部有刺，叶状枝扁线形，有棱。

叶：叶退化为细小鳞片状或刺状。亮绿色小叶有序地着生于散生悬垂的茎上。

花：花小，白色或淡红色，通常2朵簇生于叶腋，有香气，雌雄异株，夏季开放。

果：小豆般浆果，球形，径0.6～0.7厘米，熟时红色，种子1粒。秋冬成熟后鲜红色，状如珊瑚珠，非常美丽。

天门冬的浆果形如小豆

怎样养天门冬

天门冬可用播种和分株繁殖。播种最好采后即播，发芽率高。一般12月种子成熟，采后洗净、晾干，春季2～3月插入疏松土壤。在温度20℃～30℃时，

3～4周即可发芽。分株一般于春季结合换盆时用利刀将生长茂密株丛分割开，按3～5芽一丛分出新植株，分别栽植上盆，放背阴处养护1～2周，待恢复生长后按正常管理。

天门冬植株生长茂密，茎枝呈丛生下垂，株形美观；其枝叶纤细嫩绿，悬垂自然洒脱，是广为栽培的室内观叶植物。它既有文竹的秀丽，又有吊兰的飘逸，非常具有观赏性。盆栽的天门冬适宜装饰家庭室内或厅堂，也可剪取茎叶用作插花的衬叶。除了作为室内盆栽外，还是布置会场、花坛边缘镶边的材料，同时也是切花瓶插的理想陪衬材料。

天门冬的根茎是一种常见的中药材

文 竹

文竹小档案

英文名：Asparagus setaceus

别名：云竹、云片竹、刺天冬

科属：百合科天门冬属

产地：原产于南非，现世界各国均有栽培。

生长习性：性喜温暖湿润，略耐阴，不耐旱，忌霜冻，冬季室温不低于5℃。喜生于疏松肥沃的沙壤土中。

文竹可配以精致小型盆钵，置于茶几书桌，或与山石相配而制作盆景，相映成趣

形态特征：多年生草质藤本植物。根稍肉质，茎绿色，光滑，长可达2～4米，常多枝由基部丛生，生长良好时，缠绕攀缘，其缠绕方向无规律，既可左旋也可右旋，常并存。叶状枝纤细如毛发，多数，6～12枚成束簇生，水平排列，鲜绿色。

叶：主茎叶小，鳞片状。鲜绿的羽状叶呈片状斜展，是观叶类植物中的佼佼者。

花：花小，两性，白色，1～4朵生于短柄上。

花期：花期春季或秋季，也有一年两次开花。

果：蒴果球形，红色或紫红色。

文竹是“文雅之竹”的意思。其实它不是竹，只因其叶片轻柔，常年翠绿，枝干有节似竹，且姿态文雅潇洒，故名文竹。

文竹的花语：象征永恒，朋友纯洁的心，永远不变。婚礼用花中，它是婚姻幸福甜蜜，爱情地久天长的象征。

趣味角

文竹叶状枝纤细，清雅秀丽，为重要观叶植物，还适合作切花、花篮的材料

文竹的繁殖与欣赏

文竹的播种期在3～4月间，约1月出苗，苗高5厘米左右时可移植。分株在春、秋季常结合翻盆进行。地栽多限于我国华南、西南亚热带地区或温室内，冬季越冬温度不低于5℃。

文竹是“文雅之竹”的意思。其实它不是竹，只因其叶片轻柔，常年翠绿，枝干有节似竹，且姿态文雅潇洒，所以称文竹。它叶片纤细秀丽，密生如羽毛状，翠云层层，株形优雅，独具风韵，深受人们的喜爱，是著名的室内观叶花卉，还适合作切花、花篮的材料。可盆栽成丛生状或搭设造型引架使之攀缘成型，用作室内装饰；若任其披垂，用作吊挂装饰，犹若碧纱飘拂，婀娜多姿，在阳台、窗台等处牵绳、设架让其攀缘，效果极佳。

石刁柏

石刁柏小档案

英文名：Asparagus

科属：百合科天门冬属

别名：芦笋、龙须菜

产地：原产于地中海东岸及小亚细亚。至今欧洲、亚洲大陆及北非草原和河谷地带仍有野生种。

生长习性：耐寒、耐热，最适宜夏季温暖冬季冷凉的地区种植。喜阳光充足、空气干燥的气候，能耐轻度盐碱。

形态特征：雌株高大，茎粗，分枝部位高，枝叶稀疏，发生茎数少，产量低，寿命短。雄株矮小，茎细，分枝部位低，枝繁叶茂，茎数多，春季嫩茎发生早，产量较雌株高25%以上。须根系，不定根由根状茎节发生，形成肉质根，多数分布在距地表30厘米的土层内，寿命长。肉质根又发生须根吸收养分。根状茎短缩，多水平生长。当分枝密集后，新生分枝向上生长，使根盘上升。根状茎节上有鳞片状叶包着，并有鳞芽。根状茎的分枝先端鳞芽多聚生，称“鳞芽群”。鳞芽萌发形成地上茎，高150～200厘米，分枝多，为变态枝，簇生，针状，称“拟叶”。

叶：真叶退化为膜状鳞片。

花：花小，钟形，雌雄异株，比例为 1 ：1。雌花绿白色，雄花淡黄色，虫媒花，偶有两性花。

果：浆果球形，幼果绿色，成熟果赤色，心室 3 个，每室内含 1 ～2 粒黑色种子，千粒重 20 克左右。秋季果实呈赤红色时采摘，去果皮、果肉，晒干种子贮藏。

可食可药的石刁柏

石刁柏原产于地中海东岸及小亚细亚。至今欧洲、亚洲大陆及北非草原和河谷地带仍有野生种。已有2000年以上的栽培历史。公元前234～公元前149年古罗马文献中已有记载，17世纪传入美洲，18世纪末传入日本。在20世纪初传入中国。当今世界各国都有栽培，以美国最多。

我国种植芦笋只有百年历史，相对来说北京等大城市及沿海地区种植芦笋的历史较早，不过面积很小，一直没有大的发展，直到20世纪七八十年代世界芦笋的需求量猛增，加上我国南北各地的气候条

件都可种植，我国芦笋生产的规模才迅速扩大，以满足加工出口的需要。福建、江苏、浙江、河南、安徽、四川等省在近一二十年发展了较多的生产基地，北京市郊也只是在近20年来随着市场需求量的不断增加，才逐渐扩大的。现在芦笋的栽培在我国比较普遍。

石刁柏的繁殖

最好是选用杂交一代种子，因为杂交一代的植株生长快，早熟，成熟期一致，嫩茎肥大，芦笋头部的鳞片紧凑，不散头，畸形笋少，外观极佳。大面积生产一般都采用点播育苗法，成苗后移栽定植。春秋两季均可播种。春播者，播种期在清明前后。秋播者，播种期在白露以后。每公顷用量为1.5～2千克，每穴下种子4～8粒，穴距15厘米×15厘米。也可以采用条播法，行距15～25厘米、条沟深3～4厘米，种子间距3厘米左右，每穴下种子1～2粒。

秘鲁是世界主要芦笋产销国之一。据统计，该国现有2.4万多公顷的土地用于种植芦笋，有2134家芦笋种植专业户，约7万名农工；另外还有36家芦笋加工厂。秘鲁目前生产的芦笋73.6%出口到美国，其余的26.4%出口到法国、德国和西班牙等地。

保健蔬菜石刁柏

石刁柏属于多年生植物，生长期可长达15年以上，采收期可达10年左右。既可食用又可药用。

芦笋以嫩茎供食用，以往生产加工成罐头的芦笋大多是白芦笋，而近些年来，一些研究报道绿芦笋具有更高的营养价值，且风味更佳，所以绿芦笋的销售和生产发展也极为迅速。

用芦笋嫩茎作蔬菜或制成罐头，在国际市场上颇受欢迎，其味鲜美，营养丰富，是防癌和化解结石的保健食品。每百克芦笋鲜食部分中

含有蛋白质3.1克，脂肪0.2克，糖类3.7克，纤维素0.8克，维生素C 33毫克，维生素A 897国际单位，维生素B 0.17毫克，钙22毫克，磷52毫克，铁1.0毫克。此外，还含有丰富的天门冬氨酸，各种氨基酸平均含量为102.3毫克。

芦笋中的药用成分，如天门冬酌胺、多种甾体甙类化合物、芦丁、甘露聚糖、胆碱、叶酸等，在食疗保健中占有非常特殊的地位，可以增进食欲，帮助消化，缓解疲劳，并具有利尿、镇静等治疗作用。

芦笋在欧美、日本、中国台湾等国家及地区都是极受欢迎的蔬菜，近些年芦笋在我国也逐渐受到消费者的认可和青睐。

CHERRIES
GALA

芦笋鲜嫩翠绿的茎秆含有丰富的叶酸，5根芦笋大概就有110微克的叶酸，是人体每天需求量的20%。叶酸除了是孕妇必备的营养，也能预防心脏病，还有抗癌的效果。

万年青

万年青小档案

英文名：Omoto nip-ponlily

科属：百合科万年青属

别名：开口剑、铁扁担、冬不凋草

产地：我国分布于江苏、浙江、江西、湖北、湖南、广西、贵州、四川等地。

形态特征：多年生常绿草本植物，高 40 ～ 60 厘米。根状茎粗短，直径 1.5 ～ 2.5 厘米。

叶：叶从基部着生；叶片阔披针形、长圆形或阔带形，长 20 ～ 40 厘

米，宽 3～8 厘米，先端急尖，边缘波状，基部狭长，中脉在背面突起。

花：花葶单一，长 2.5～4 厘米；穗状花序长椭圆形，长 2～4 厘米，花密生，无柄，淡黄色；苞片卵形，膜质，短于花，长 2.5～6 毫米，宽 2～4 毫米；花被半球形，长 4～5 毫米，直径 6 毫米，有 6 个浅裂；雄蕊 6 枚，花药卵形，长 1.4～1.5 毫米。

花期：5～6 月。

果：蒴果，球形，直径约 8 毫米，成熟时红色。果期 9～10 月。

应用价值：既可观赏，又可药用。植株常绿，为常见的盆栽花卉，供观赏。全株供药用，有清热解毒、散淤止痛的功效。

万年青的花语和象征
代表意义：健康长寿

虎尾兰

虎尾兰小档案

英文名：Snake sansevieria

科属：百合科虎尾兰属

别名：千岁兰

产地：原产于非洲西部热带地区，现已被引种到世界各地。

趣味角

虎尾兰代表了一种坚韧不拔的顽强精神，令持有者具有坚强的意志力，所以它的花语是：坚定刚毅。

形态特征：多年生草本。根状茎横走。

叶：叶一片到数片或成丛生状，直立，条状披针形，长 30 ～ 80 厘米，宽 3 ～ 8 厘米，扁平，质坚硬，先端尖，全缘，两面有横带状斑纹。

花：花莛高 30 ～ 70 厘米，基部有淡褐色的膜质鞘，宽卵形或三角状卵形。先端尖花 3 ～ 8 朵簇生，再排成总状花序；花梗长 5 ～ 8 毫米；花被片淡绿色或白色，长 1.6 ～ 2 厘米，裂片条形；雄蕊 6 枚，雌蕊 1 枚。

花期：1 ～ 12 月。

果：直径约 7 ～ 8 毫米。

应用价值：叶具有虎尾状斑纹，常绿，为常见的观赏花卉。

玉簪

玉簪小档案

英文名：Funkia grandiflora

别名：玉春棒、白鹤花、白萼、白鹤仙

科属：百合科玉簪属

产地：原产于中国和日本。现世界各地广为栽培。

生长习性：植株健壮，耐严寒，喜阴湿，畏阳光直射，在适当背阴处生长繁茂。喜土层深厚、肥沃湿润、排水良好的中性沙壤土。

形态特征：多年生宿根草本植物。根状茎粗大，株高40～60厘米。

叶：叶卵形至心形，具长柄，平行叶脉。

花：花莛自叶丛中抽出，总状花序顶生，花漏斗状，纯白色，具芳香。

花期：6～7月。

果：蒴果，三棱状圆柱形，黄褐色，种子黑色有膜质翅，果熟期8～9月。

繁殖与栽培：分株、播种繁殖均可，以分株为主，特别是花叶品种只能用分株繁殖。春季萌芽前或秋季枯黄前，将过密株丛挖起，每2～3年芽带根切开，另行栽植。实生苗第一年生长缓慢，第二年生长加快，通常第三年开花。

应用价值：因其清秀挺拔，花开时幽香四溢，通常用作阴凉处的花坛或花境，既可观叶又可赏花，剪取花枝可供切花。鲜花可提取芳香油。全草入药，有清热解毒、消肿止痛之效。

玉簪

紫萼

紫萼小档案

英文名：Blue plantainlily

科属：百合科玉簪属

产地：分布于我国华东、华南、西南及陕西、河北等地，日本也有分布。

生长习性：生于山坡疏林树下。

形态特征：多年生草本植物。

叶：叶从基部着生，卵形至卵圆形，长10～17厘米，宽6.5～

紫萼花紫色或淡紫色

7 厘米，基部心脏形，具 5 ～ 9 对拱形平行的侧脉，柄长 14 ～ 42 厘米，两边具翅。

花：花莛从叶丛中抽出，具 1 枚膜质的苞片状叶；后者长卵形，长 1.3 ～ 4 厘米；总状花序，花梗长 0.6 ～ 0.8 厘米，基部具膜质卵形苞片，苞片长于花梗，稍短于花梗；花紫色或淡紫色；花被筒下部细，长 1 ～ 1.5 厘米，上部膨大成钟形，直径 1.5 ～ 1.8 厘米，宽 0.8 ～ 0.9 厘米；雄蕊着生于花被筒基部，伸出花被筒外。

果：蒴果，圆柱形，长 2 ～ 4.5 厘米，种子黑色。

香龙血树

香龙血树

香龙血树小档案

英文名：Fragrant flower dracaena

科属：百合科龙血树属

别名：巴西铁树、香千年木

产地：原产于非洲几内亚，现热带地区的许多国家都有分布。

生长习性：喜温暖环境，生长适温16℃～26℃，低于13℃植株休眠，越冬温度不得低于5℃。喜疏松、肥沃、排水良好的沙壤土。需要半阴条件，春、夏、秋三季需遮去50%左右的阳光。较耐旱。

形态特征：高大木本植物。此种虽属单子叶植物，但由于茎中薄壁细胞的分裂，能使茎逐年加粗和木质化，所以能形成高大的乔木。寿命最长的可达6000年。树干能分泌出红色树脂，称“血竭”或“麒麟竭”。

叶：叶片剑形，带白色，密生枝端。

花：花绿白色。

果：蒴果，橙黄色。

繁殖与栽培：用扦插法繁殖，顶尖和茎段均可扦插，插床温度应保持21℃～24℃。盆栽土壤可用腐叶土、草炭与河沙配成，每年春季换盆或换土。生长季节每15天左右追肥1次，并保证充足的水分。北方栽培，春、夏、秋三季应遮去50%的阳光。

应用价值：主要栽培于热带地区，供观赏。树干分泌的树脂既可为着色染料，也可供药用。

吊　兰

吊兰小档案

英文名：Spider plant

科属：百合科吊兰属

别名：挂兰

产地：原产于非洲南部。现在我国各地都有栽培。

生长习性：喜温暖、湿润的半阴环境，不耐严寒酷暑，适宜温度15℃～25℃，冬季高于10℃为宜。喜疏松肥沃、排水良好、富含腐殖质的沙壤土。

形态特征：多年生草本植物。具圆柱形肉质根。叶腋间常抽出柔软的枝条，悬挂下垂；枝条顶端或节上会萌发新芽长成小苗，并可长出气生根。

叶：叶基生，线状披针形，宽1～1.5厘米；叶条形似兰，长20～45厘米，宽1～2厘米。

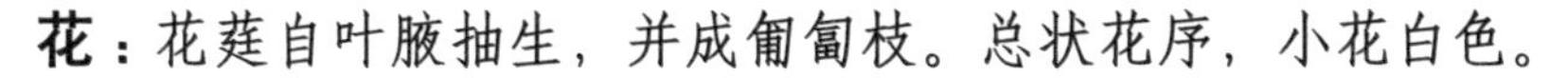

花：花莛自叶腋抽生，并成匍匐枝。总状花序，小花白色。

花期：3～6月。

繁殖与栽培：繁殖可用分株法，时间春、夏、秋、冬均可。也可随时剪取花茎顶端具有气生根的幼小植株，直接栽于盆中。盆栽植株2～3年换盆一次。

应用价值：不仅可以观赏，而且全草可入药。另外，吊兰吸收空气中的甲醛、一氧化碳、过氧化氮等的能力很强，可用于净化空气。

园艺特点：吊兰叶姿优美，颇似我国传统名花兰花的叶片，清秀之中显露刚劲，并能从叶腋处抽生长短不一的下垂匍匐枝，枝上着生大小不一具有气生根的新株，甚为奇特。观赏主要以盆栽植物为主，是理想的室内观叶植物。

吊兰

黄 精

黄精小档案

英文名：Polygonatum mill

科属：百合科黄精属

别名：鸡头参、鸡头七、乌鸦七、黄鸡菜、笔管菜、老虎姜、鸡头黄精

产地：分布于我国黑龙江、吉林、辽宁、河北、河南、山东、山西、内蒙古、安徽、浙江、陕西、宁夏、甘肃等省区。

生长习性：生于山地疏林树下，灌丛或山坡的半阴处。

形态特征：多年生草本植物。高 50 ~ 90 厘米，偶可达 1 米以上。根茎横走，圆柱状，由于结节膨大，所以节间一头粗一头细，粗的一头直径可达 2.5 厘米。茎直立，上部稍呈攀缘状。

叶：叶轮生，无柄，每轮 4 ~ 6 叶，线状披针形，长 7 ~ 15 厘米，宽 0.4 ~ 1.6 厘米，先端渐尖并卷曲。

花：花腋生，下垂，2 ~ 4 朵集成伞形花丛，总花梗长 1 ~ 2 厘米，花梗长 0.4 ~ 1 厘米，基部有膜质小苞片；花被筒状，白色至淡黄色，全长 0.9 ~ 1.3 厘米，6 枚裂片，披针形，长约 0.4 厘米；雄

蕊着生在花被筒的1/2以上处，花丝短，长0.05～0.1厘米；花柱长为子房的1.5～2倍。

花期：5～6月。

果：蒴果球形，直径0.7～1厘米，成熟时紫黑色。果期7～9月。

应用价值：根茎入药，性平，味甘，功能补气、润肺、生津，主治脾胃虚弱、肺虚咳嗽等症。

黄精是著名的中药材

玉竹

玉竹小档案

英文名：Fargrant solomonseal rhizome

科属：百合科黄精属

别名：萎蕤、铃铛菜、竹根七、玉竹参

产地：主要产于我国河南、江苏、浙江、安徽、江西、四川等省。

生长习性：生于山野树下或石隙间，喜阴湿处。

形态特征：多年生草本植物，高40～65厘米。茎具纵棱。根茎地下横生，呈扁状圆柱形，表皮黄白色，断面粉黄色。茎单一，上部稍斜，具纵棱、光滑无毛，绿色。

叶：叶互生，椭圆形或狭椭圆形。先端钝尖。

花：花序腋生，有1～3花，栽培则可多达8朵；总花梗长1～1.5厘米；花被筒状，长1.5～2厘米，6枚裂片，白色或顶端黄绿色；雄蕊6枚，花丝近光滑。

花期：4～5月。

果：蒴果熟时蓝黑色。果期 8 ～ 10 月。

繁殖与栽培：用地下根茎繁殖。在秋季收获时，选当年生长的肥大、黄白色根芽留作种用。随挖、随选、随种，若遇天气变化不能下种时，必须将根芽摊放在室内背风阴凉处。一般每 1000 平方米用种茎 300 ～ 400 千克。栽种方法：一般在 10 月上旬至下旬，选阴天或晴天栽种，栽时在畦上按行距 30 厘米开 15 厘米深的沟，然后将种茎按株距 15 厘米左右平排在沟里，随即盖上腐熟干肥，再盖一层细土至与畦面齐平。

应用价值：根茎性寒，味甘。具养阴、润燥、生津止咳之功能。用于肺胃阴伤、炽热咳嗽、咽干口渴、内热消渴。

玉竹

嘉 兰

嘉兰小档案

英文名：Lovely gloriosa

科属：百合科嘉兰属

产地：产于我国云南南部，热带亚洲其他地区和非洲也有分布。

生长习性：生于密林及潮湿草丛中。

形态特征：蔓生草本植物，长1～3米或更长。根状茎横生，肥大，块状。

叶：叶互生，对生或3枚轮生，卵状披针形，长10～18厘米，宽2～3.5厘米，无柄或几乎无柄，顶端长渐尖，常呈卷须状，基部钝圆。

花：花单生或数朵在顶端组成伞房花序；花梗常从叶的一侧长出，长10～15厘米，顶端下弯，花被6片，上部红色，下部黄色，条状披针形，长 5 ～ 8 厘米，宽 0.6 ～ 0.9 厘米，反曲；花丝长 3 ～ 4.5 厘米；花药条形，长约 1 厘米；花柱长 3.5 ～ 4.5 厘米，顶端 3 裂；子房长约 1 厘米。

果：蒴果，长 4 ～ 5 厘米。

应用价值：根状茎药用，但全株，特别是根头的水液有毒，用时要小心。

嘉兰的花呈卷须状

铃 兰

铃兰小档案

英文名：Lily of the valley

科属：百合科铃兰属

别名：草玉铃

产地：分布于中国东北、华北和山东、河南、陕西、宁夏、湖南、浙江等地，朝鲜、日本、欧洲、美洲也有分布。

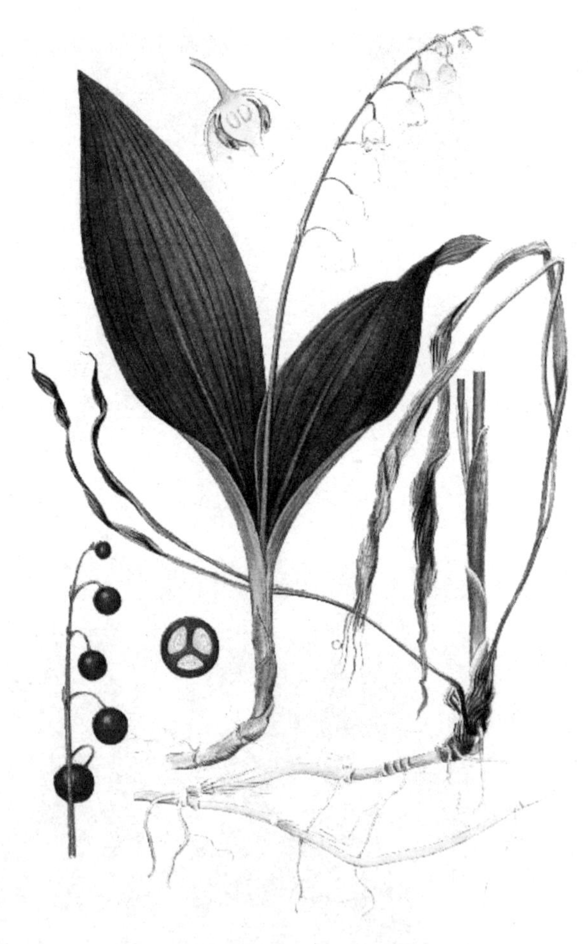

生长习性：生于海拔850～2500米阴坡树下的潮湿处或沟边。

形态特征：多年生草本植物。根状茎长，匍匐。

叶：通常2枚，椭圆形或椭圆状披针形，长7～20厘米，宽3～8.5厘米，顶端近急尖，基部楔形，叶柄长8～20厘米，呈鞘状互相抱着。

花：花莛高15～30厘

米，稍外弯；总状花序偏向一侧，花约10朵；苞片膜质，短于花梗；花芳香，下垂，白色，钟状，长5～7毫米，顶端有6浅裂，裂片卵状三角形，顶端锐尖；雄蕊6枚，花药基着；子房卵球形，花柱柱状。

果：蒴果，球形，熟时红色。

应用价值：带花全草药用，有强心利尿之功效。

铃兰

洋 葱

洋葱小档案

英文名：Onion

科属：百合科蒜属

产地：原产于亚洲西部地区。现全世界广泛栽培。

形态特征：草本植物。鳞茎球形、

长球形或扁球形，粗大；鳞茎外皮红褐色、黄褐色至黄白色，纸质或薄革质。

叶：叶圆柱形，中空，中部以下最粗，向上渐狭。

花：花莛粗壮，高可达1米，圆柱形，中空，在中部以下膨大，向上渐狭，下部具叶鞘。伞形花序，多花，密集；花被星状展开，绿白色；花被6片；花丝比花被片长，约五分之一合生并与花被贴生。

应用价值：鳞茎供食用。

洋葱是生活中常见的蔬菜

洋葱与大蒜的故事

在中国古代有一个商人，将中国洋葱送给一个阿拉伯的国王，国王觉得这个东西非常好吃，于是将世界上最珍贵的黄金送给了这个商人，这个人挣了许多钱，回国后他将这个消息告诉了亲朋好友。另一个人想，大蒜比洋葱好吃多了，如果我将大蒜送给国王，肯定国王会给我更多的黄金，于是这个人将大蒜送给了国王。国王吃后，觉得很好吃。国王想了想，他送给我这么好的东西，我应该用什么东西回报他呢？国王想了很久，终于想到了，于是叫人去仓库把洋葱奖励给这个人。这个故事告诉我们：做事情要赶早。